ENTRETIENS FAMILIERS

BIBLIOTHÈQUE

# CHRÉTIENNE ET MORALE,

APPROUVÉE

PAR MONSEIGNEUR L'ÉVÊQUE DE LIMOGES.

---

5me SÉRIE

Tout exemplaire qui ne sera pas revêtu de notre griffe sera réputé contrefait, et poursuivi conformément aux lois.

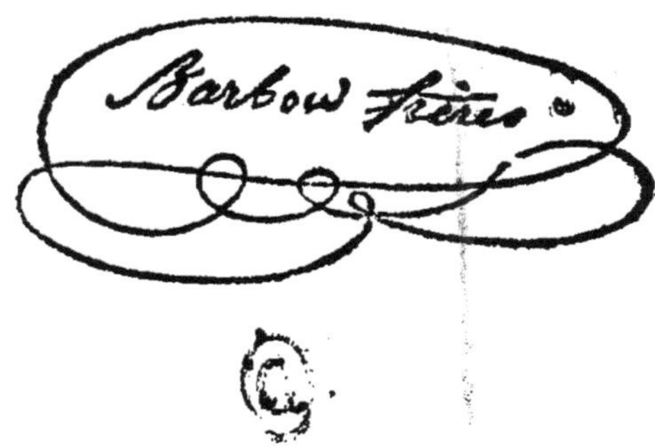

ENTRETIENS FAMILIERS

# ENTRETIENS

# FAMILIERS

D'UN

PÈRE A SES ENFANTS

PAR

M. LE CHEVALIER REGLEY.

LIMOGES

BARBOU FRÈRES, IMPRIMEURS-LIBRAIRES.

## PREMIÈRE LEÇON.

— Mes chers enfants, disait un jour M. Raymond à Émilie et à Achille, qui se trouvaient dans son cabinet, si nous avions mis de l'ordre dans la description des insectes que j'ai fait passer sous vos yeux dans nos dix leçons, j'aurais pu commencer par les plus petits êtres invisibles, qui se trouvent dans le vinaigre, dans l'eau croupie, dans la farine, dans le fromage, et même dans la sécrétion qui entoure vos dents, lorsque vous n'avez pas le soin de les nettoyer, et dans d'autres subtances, et surtout dans celles qui sont corrompues. Ces petits animaux ne se voient qu'à l'aide du microscope, et s'appellent cirons.

» Bien qu'ils aient des corps organisés comme les autres insectes, ils n'ont pas le corps divisé en trois parties. Ce ne sont plus des insectes proprement dits, mais plutôt des animalcules. Nous les avons négligés, bien qu'ils soient des plus curieux, et qu'un savant, M. Dujardin, ait fait sur ce sujet un ouvrage remarquable; mais il fallait bien en finir. Je ne veux pas qu'il en soit ainsi d'autres animaux que vous pourriez, par erreur, classer au nombre des insectes et qui n'appartiennent plus à cet ordre; je veux parler des reptiles grands et petits, qui sont de la classe des vertébrés qui n'ont ni poils, ni plumes, ni mamelles.

ÉMILIE.

Ainsi nous avons fait nos adieux à ces pauvres petits insectes que j'aimais tant; il n'y en a donc plus à décrire.

M. RAYMOND.

Je te l'ai déjà dit, ma chère enfant, au lieu de dix leçons, j'aurais pu vous en faire mille : le savant M. de Walkenaer n'a-t-il pas publié six volumes pour l'histoire des araignées seulement? Non, ce n'est pas fini : nous n'avons fait qu'un abrégé sur quelques insectes; mais il fallait savoir se borner, ménager vos petites têtes, et vous laisser le temps nécessaire pour vos autres études.

ACHILLE.

Passons donc aux reptiles. Je sais que ce mot veut dire ramper à terre, et je ne suis pas fâché de voir un peu la vie de ces vilaines bêtes, les crapauds et les serpents, que je n'aime pas du tout.

M. RAYMOND.

Ils ne sont pas tous dangereux, surtout dans nos pays ; mais occupons-nous d'abord de leur organisation particulière.

» Ainsi que je vous le disais tout à l'heure, la classe des reptiles se compose de tous les animaux vertébrés dépourvus de poil, de plumes et de mamelles ; ces animaux aspirent l'air atmosphérique, au moins dans leur état adulte, au moyen de poumons placés dans l'intérieur de leur corps.

Ils se rapprochent des poissons, parce qu'ils ont, comme eux, le sang froid, c'est-à-dire que leur température est toujours à peu près en équilibre avec celle des endroits qu'ils habitent ; mais ils se distinguent des poissons par leur respiration aérienne.

« Les reptiles ont un cœur, une ou deux

oreillettes ; mais ils n'ont jamais qu'un seul ventricule ; ce ventricule n'envoie dans le poumon, à chaque contraction, qu'une portion du sang qu'il a reçu des diverses parties du corps, et le surplus retourne à ces parties sans avoir passé par le poumon et sans avoir subi l'action de la respiration. Il résulte de là que l'action de l'oxygène, cet air vital indispensable à la vie, est moindre que chez les mammifères et les oiseaux.

» Comme c'est la respiration qui donne au sang sa chaleur, et à la fibre musculaire sa susceptibilité de recevoir l'irritation nerveuse, les reptiles ont le sang froid, et les forces musculaires moindres, en général, que chez les mammifères et les oiseaux ; aussi n'exercent-ils guère que les mouvements de ramper et de nager, et, quoique plusieurs sautent et courent fort vite en certains moments, leurs habitudes sont généralement paresseuses, leur digestion extrêmement lente, leurs sensations obtuses, et, dans les pays froids ou tempérés, ils passent presque tout l'hiver en léthargie. Leur cerveau est proportionnellement très-petit. Ils continuent de vivre et de produire des mouvements spontanés, et leurs muscles conservent leur irritabilité bien longtemps après avoir perdu le cerveau, et même quand on leur a coupé la tête ; leur cœur bat plusieurs heures après qu'on le leur a arraché, et sa perte n'empêche pas le corps de se mouvoir encore ; il arrive même qu'ils reproduisent quelques-unes des parties qui leur sont enlevées : les lézards qui ont perdu leur queue en acquièrent une nouvelle, et les salamandres recouvrent leurs pattes. Une autre particularité qui tient encore au peu d'activité de leur vie, c'est la facilité avec laquelle ils supportent de longs jeûnes, facilité telle qu'on a vu des crocodiles et des tortues passer près d'un an sans prendre de nourriture. A l'exception de quelques espèces qui ont les yeux très-petits et tout à fait cachés sous la peau, et par conséquent sans usage, les reptiles jouissent des cinq sens. Celui de la vue est, en général, le plus développé, et la plupart voient de fort loin ; leur ouïe paraît moins parfaite.

Leurs narines sont peu étendues, et l'odorat doit être faible ; il en est de même du goût : aucune espèce n'a de lèvres charnues ; la langue est habituellement petite et mince, et cet organe est plutôt de préhension que de dégustation. Ils se nourrissent, en général, de substances animales, engloutissent leur proie vivante et l'avalent sans la mâcher ; la digestion commence dès l'œsophage, et continue avec lenteur dans l'estomac et les intestins. Le toucher n'est pas moins obtus que le goût et l'odorat : les écailles dont le corps est couvert dans la plupart émoussent considérablement la sensation. Quant à la peau nue et muqueuse de plusieurs, elle doit être, sans doute, le siége d'un tact passif assez délicat ; mais tous sont également mal partagés sous le rapport du toucher actif : les membres ne servent guère qu'au mouvement.

« Quoiqu'on puisse trouver des reptiles réunis en troupes plus ou moins nombreuses, ils ne forment jamais entre eux, excepté pour la reproduction de leur espèce, de véritable association ; aucun ouvrage, aucune chasse, aucune guerre, faits en commun ; rien en un mot, qui semble concerté ne résulte de leur attroupement. Jamais non plus ils ne construisent d'asile, et lorsqu'ils en choisissent sur des rivages, dans des rochers, dans des trous d'arbres, c'est une retraite purement individuelle, où ils ne veulent que se cacher et à laquelle ils ne changent rien.

» Quels que soient leur défaut d'intelligence et leur férocité, les reptiles peuvent cependant être apprivoisés et rendus familiers.

» On distingue parmi les reptiles les ophidiens ou serpents, dont le cœur a deux oreillettes, et dont le corps, revêtu d'écailles, est dépourvu de membres ; et les batraciens ou crapauds, dont le corps est revêtu d'une peau nue et muqueuse. Parmi ceux-ci, les uns ont quatre membres, d'autres, deux seulement ; d'autres enfin en sont tout à fait privés : c'est dans cet ordre seulement que l'on observe la métamorphose.

» Nous ne décrirons que les reptiles des environs de Paris ; mais je vous dirai quelques mots sur les autres.

ACHILLE,

Commence par le lézard, mon cher papa, ce petit animal si vifque je ne sais comment le saisir, et dont j'ai un peu peur.

ÉMILIE.

Un peu ! beaucoup...

M. RAYMOND.

Ceux que nous voyons autour de nous, les lézards gris surtout, ne sont point dangereux ; ils sont même ordinairement très-familiers. Disons d'abord, en général, que les lézards ont le corps allongé, la marche rapide ; leurs quatre pieds ont cinq doigts armés d'ongles séparés, inégaux, arrondis, surtout ceux de derrière.

» Les reptiles ne couvent jamais leurs

œufs ; la plupart les abandonnent, après les avoir déposés dans un lieu convenable ; quelques-uns les portent avec eux jusqu'à l'éclosion des petits. Les animaux de cette classe ne présentent d'ailleurs pas moins de variétés dans la manière dont ils se propagent que dans celle dont ils exercent leurs autres fonctions. Leurs œufs sont revêtus d'une coque dure et calcaire comme celle des oiseaux.

» Les petits, au moment où ils naissent, paraissent le plus souvent avec la forme qu'ils doivent conserver toute leur vie ; mais d'autres fois ils sont, à cette époque de leur existence, organisés comme les poissons, et ne se développent entièrement qu'au bout d'un certain temps, en subissant une véritable métamorphose ; dans tous les cas, leur accroissement est fort lent, et leur vie généralement très-longue.

ÉMILIE.

Y a-t-il beaucoup de ces sortes d'animaux ?

M. RAYMOND

Le nombre des espèces de reptiles aujourd'hui connues est d'environ huit cents; mais il s'en faut bien qu'elles soient réparties également sur la surface du globe. C'est dans la zône torride seulement qu'on les trouve en grand nombre, et qu'on en rencontre d'une grande taille, tandis qu'en avançant vers les contrées froides, leur nombre diminue progressivement, et ils sont bien plus petits.

» La Suède, par exemple, possède tout au plus une vingtaine d'espèces, et l'Europe tempérée, cinquante environ.

En comparant entre eux les reptiles, tant sous le rapport de leur enveloppe cutanée que sous celui des organes du mouvement et de la circulation du sang, on arrive à les diviser en quatre ordres.

» 1° Les chéloniens ou tortues, dont le

cœur a deux oreillettes, et dont le corps porté par quatre pieds, est enveloppé par deux plaques ou boucliers formés par les côtés du sternum.

» 2° Les sauriens ou lézards, dont le cœur a deux oreillettes, et dont le corps est porté sur quatre pieds ou deux pieds, et revêtu d'écailles. Leurs écailles sont disposées, sous le ventre et autour de la queue, par bandes transversales et parallèles ; ils ont de même sous le cou un collier formé par une rangée transversale de longues écailles séparées de celles du ventre par un espace où il n'y en a que de petites comme sous la gorge. Une partie des os de leur crâne s'avance sur leurs tempes et sur leurs orbites, en sorte que le dessus de la tête est muni d'un bouclier osseux que recouvrent de grandes écailles. Le tympan est à fleur de tête et membraneux ; la langue est mince, extensible, terminée en deux longs filets ; le palais est armé de deux rangées de dents ; l'œil, protégé par un prolongement de la peau, est fendu longitudinalement et se ferme par un sphincter (anneau), avec un vestige de troisième paupière sous l'angle antérieur ; la queue, grosse et conique, est aussi longue au moins que le corps.

» Les lézards sont des animaux purement terrestres et qui ne vont jamais à l'eau. Ils s'engourdissent par l'effet du froid, et ne semblent jouir de toutes leurs facultés que lorsqu'une température assez élevée supplée, en quelque sorte, à la chaleur intérieure qui leur manque. Leurs mouvements deviennent alors aussi vifs que légers ; il semble même que le repos leur soit impossible. Sans qu'ils changent de place, on les voit agiter successivement tous les membres par une sorte de tremblement convulsif fréquemment réitéré ; mais cette agilité même contribue à épuiser plus promptement leurs forces. Sur un terrain uni, il n'est pas difficile à un homme de les forcer à la course, et les petites espèces deviennent même incapables de mouvement après quelques minutes d'une poursuite soutenue sans relâche. Leurs pattes, qui sont courtes, ne peuvent les soulever beaucoup au-dessus du sol; elles empêchent néanmoins le ventre de traîner lorsque le corps est en mouvement; mais bientôt il retombe dans le repos; la tête même appuie sur la terre lorsque l'animal est tranquille. Ce ne sont pas seulement leurs pattes et leurs longs doigts qui donnent aux lézards tant d'agilité; la queue y contribue aussi pour beaucoup par ses mouvements d'ondulation, surtout si la course a lieu dans une herbe épaisse ou entre les branches inférieures d'une haie. Cette queue leur sert encore lorsqu'ils veulent s'élancer à une certaine hauteur; elle est le principal ressort qu'ils débandent alors, et c'est le plus souvent dans cette circonstance qu'on la voit se rompre, plus ou moins près de son origine, et se détacher, pour l'ordinaire, à l'instant même, accident fort commun, mais peu préjudiciable à l'animal, puisqu'elle ne tarde pas à se reproduire. Ils peuvent encore s'aider de cette queue en la recourbant en forme d'anse, pour se soutenir aux branches ou aux pierres. Leurs griffes acérées et pointues, leur donnent une grande facilité pour grimper, surtout à ceux dont la taille est petite et le corps léger. Ils se nourrissent surtout d'insectes, de lombrics et de mollusques terrestres ; ils boivent au moyen de leur langue ; ils ne vivent que deux à deux. Ils se servent de leurs griffes et de leur museau pour se creuser un trou dans le sable durci, dans la terre ou dans un tronc d'arbre pourri, à moins qu'ils ne trouvent une retraite toute prête dans les fentes des rochers, dans les interstices des vieux murs ou dans quelques terriers de mulots ou de crapauds. Ce trou est ordinairement un boyau à voûte un peu surbaissée, particulièrement à l'entrée, et déviant le plus souvent, soit latéralement, soit en haut, vers le milieu de sa longueur ; toujours il est terminé en cul-de-sac. Les plus creux ont jusqu'à deux pieds de profondeur, rarement davantage ; beaucoup n'ont pas la moitié de cette étendue. C'est là que l'animal se tapit au moindre danger, s'il est à portée d'y arriver avant d'être arrêté dans sa course ; circonstance qu'il sait, pour l'ordinaire, apprécier avec assez de justesse. En est-il trop éloigné, le moindre creux, les ronces ou les herbes lui fournissent un refuge momentané, mais il ne se croit en sûreté que dans son réduit; aussitôt qu'il l'a atteint, il reste d'abord à l'entrée, et ne se précipite au fond que lors d'une attaque positive. C'est aussi là qu'il passe le temps de son engourdissement d'hiver.

» Après ces généralités sur lesquelles nous reviendrons, passons à la description de chaque espèce.

Le lézard vert, long ordinairement de huit à neuf pouces, atteint quelquefois jusqu'à un pied et demi; mais son corps est toujours étroit, svelte et cylindroïde, à peu près cylindrique, rond; la queue a plus de deux fois la longueur de son corps; il est d'un vert jaunâtre en dessous, d'un beau vert brillant par-dessus, tantôt uniforme, tantôt et plus souvent parsemé de points, de taches ou de lignes jaunâtres ou noirâtres. Il se trouve dans toutes les contrées tempérées de l'Europe, où il recherche les bois, les haies, les buissons, les herbes touffues, le voisinage des ruisseaux.

Le lézard des souches est d'une taille, en général, plus petite que le précédent ; ses membres sont gros et courts, ses cuisses aplaties, sa queue grosse, renflée à son origine, effilée dans le reste de la longueur; le dessus du corps est d'un vert jaunâtre, ordinairement semé de points noirs ou d'un bleu foncé ; le dessous d'un vert bleuâtre, avec une série de taches jaunâtres bordées de brun ; les flancs sont de même couleur, avec une ou plusieurs séries de taches moins distinctes. Souvent le brun, tournant parfois au rougeâtre, prédomine, et même, sur quelques individus, fait disparaître presque entièrement les autres couleurs. Cette espèce habite les bois de Vincennes et de Boulogne, et les Bruyères du Sucy. Ce lézard est très-agile, peu craintif, se laissant facilement approcher, mais disparaissant subitement parmi les feuilles sèches, dès qu'on veut mettre la main dessus.

» Le lézard gris ou lézard des murailles est long de sept pouces au plus, a le corps presque carré, d'ailleurs svelte et élancé; la tête est assez mince, le museau aplati et un peu effilé; le dessus du corps et grisâtre, avec une série de taches brunes irrégulières sur chaque flanc, et une large bande brune formée de traits réticulés, tachetée de jaune et finement dentelée sur les bords; le dessous du corps est blanchâtre, quelquefois piqueté de noir. Les couleurs de cette espèce varient d'ailleurs beaucoup; les taches jaunes des flancs se multiplient avec l'âge; dans quelques individus, tout le corps est d'un brun plus ou moins foncé, surtout au moment où l'épiderme est sur le point de se renouveler. D'autres sont verts et presque sans tache : c'est l'espèce la plus commune en France et dans toutes les parties tempérées ou chaudes de l'Europe. Personne n'ignore qu'il se rapproche volontiers de nos demeures, sans doute parce qu'il y trouve une plus grande quantité d'insectes. Les murailles délabrées semblent être son séjour de préférence : il y trouve sûreté, abri et abondance de proie.

» Le lézard gris paraît être le plus doux, le plus innocent et l'un des plus jolis lézards. Ce joli petit animal n'a pas reçu de la nature un vêtement aussi éclatant que plusieurs autres quadrupèdes ovipares, mais elle lui a donné une parure élégante. Sa petite taille est svelte, son mouvement agile, sa course si prompte qu'il échappe à l'œil aussi rapidement que l'oiseau qui vole: il aime à recevoir la chaleur du soleil; ayant besoin d'une température douce, il cherche les abris, et lorsque dans un beau jour de printemps, une lumière pure éclaire vivement un gazon en pente ou une muraille qui augmente la chaleur en la réfléchissant, on le voit s'étendre sur ce mur, ou sur l'herbe nouvelle, avec une espèce de volupté; il se pénètre avec délices de cette chaleur bienfaisante; il marque son plaisir par de molles ondulations de sa queue déliée; il fait briller ses yeux vifs et animés; il se précipite comme un trait pour saisir une petite proie ou pour trouver un abri plus commode, utile autant qu'agréable. Il se nourrit de mouches, de grillons, de sauterelles, de vers de terre, de presque tous les insectes qui détruisent nos fruits et nos grains; aussi serait-il fort avantageux que l'espèce en fût multipliée. A mesure que le nombre des lézards gris s'accroîtrait, nous verrions diminuer les ennemis de nos jardiniers; ce serait alors qu'on aurait raison de les regarder, ainsi que certains Indiens les considèrent, comme des animaux d'heureux augure, et comme des signes assurés d'une bonne fortune et surtout d'une riche récolte.

» Pour saisir les insectes dont-ils se nourrissent, les lézards gris dardent avec vitesse une langue rougeâtre assez large, fourchue et garnie de petites aspérités à peine sensibles. Plus il fait chaud, plus les mouvements du lézard gris sont rapides. A peine les premiers beaux jours du printemps viennent-ils réchauffer l'atmosphère que le lézard gris, sortant de la torpeur profonde que le grand froid lui a fait éprouver, et renaissant, pour ainsi dire, à la vie avec les zéphirs et les fleurs, reprend son agilité et recommence ces espèces de joûtes auxquelles il se livre avec sa femelle.

ACHILLE.

A la bonne heure, il est gentil celui-là ; je n'en aurai plus peur : voilà pourtant ce que c'est que de s'instruire. Mais il est bien vif ; comment le prendre?

M. RAYMOND.

Tout simplement avec un hameçon auquel on attache une mouche. On place cet appât, au soleil, à l'endroit où il a l'habitude de se montrer ; on s'éloigne un peu, en tenant le bout du fil. Bientôt il s'approche, se jette sur la mouche, et se prend à la manière des poissons pêchés à la ligne.

» Maintenant nous allons nous occuper d'autres reptiles plus ou moins grands, avec lesquels vous ne serez pas fâchés de faire connaissance.

» Commençons d'abord par les crocodiles vulgaires, si célèbres dans l'antiquité par le culte que leur rendaient les Egyptiens. Le crocodile a, le long du dos, six rangées de plaques carrées à peu près égales. Il est, dessus, d'un vert de bronze plus ou moins clair, piqueté et marbré de brun, et d'un vert jaunâtre en dessous. On le trouve dans les deux continents : il habite le Nil, le Sénégal, ainsi que les lacs et les savanes noyées de l'Amérique méridionale. Il ne se rencontre aujourd'hui dans le Nil que vers la région supérieure de l'Egypte, où il fait très-chaud, et où il ne s'engourdit jamais, tandis qu'autrefois il descendait dans les branches du fleuve qui arrosent le Delta, où il passait, selon le rapport des anciens, quatre mois de l'hiver engourdi dans les cavernes. Sa taille atteint jusqu'à vingt-cinq pieds, et quelquefois trente. Il pond, en deux ou trois fois, à des distances rapprochées, une vingtaine d'œufs à coque blanchâtre, qu'il enterre dans le sable à quelques pouces de profondeur. Il exhale une odeur de musc qu'il communique aux eaux qu'il fréquente, et que conserve sa chair quand il est mort. Cependant les nègres la mangent volontiers, et ses œufs, qui ont la même odeur, sont un mets assez recherché. La nature, en accordant à l'aigle les hautes régions de l'atmosphère, en donnant au lion pour domicile les vastes déserts des contrées ardentes, a abandonné au crocodile les rivages des mers et des grands fleuves des zones torrides.

» Cet animal énorme, vivant sur les confins de la terre et des eaux, étend sa puissance sur les habitants de la mer et sur ceux que la terre nourrit. L'emportant en grandeur sur tous les animaux de son ordre, ne partageant sa substance ni avec le vautour, comme l'aigle, ni avec le tigre, comme le lion, il exerce une domination plus absolue que celle du lion et de l'aigle, et jouit d'un empire d'autant plus durable qu'appartenant aux deux éléments, il peut échapper plus aisément aux piéges; qu'ayant moins de chaleur dans le sang, il a moins besoin de réparer des forces qui s'épuisent moins vite, et que, pouvant résister plus longtemps à la faim, il livre moins souvent des combats hasardeux. Le crocodile fréquente, de préférence, les rives des grands fleuves, dont les eaux surmontent souvent les bords, et qui, couvertes d'une vase limoneuse, offrent en plus grande abondance les crustacés, les vers, les grenouilles, les lézards, dont il se nourrit; il se plaît surtout dans l'Amérique méridionale, au milieu des lacs marécageux. C'est dans ces terrains fangeux que, couvert de boue et ressemblant à un arbre renversé, il attend, immobile, le moment favorable de saisir sa proie. Sa couleur, sa forme allongée, son silence, trompent les poissons, les oiseaux de mer, les tortues, dont il est avide; il s'élance aussi sur les béliers, les cochons, et même sur les bœufs.

» Lorsqu'il nage en suivant le cours de quelque grand fleuve, il arrive souvent qu'il n'élève au-dessus de l'eau que la partie supérieure de la tête. Dans cette attitude, qui lui laisse la liberté des yeux, il cherche à surprendre les grands animaux qui s'approchent de l'une ou de l'autre rive, et lorsqu'il en voit quelqu'un venant pour y boire, il plonge, va jusqu'à lui en nageant entre deux eaux, le saisit par les jambes et l'entraîne au large pour le noyer. Si la faim le presse, il dévore même les hommes. Les grands crocodiles surtout, ayant besoin de plus d'aliments, pouvant être aperçus et évités plus facilement par les petits animaux, doivent éprouver plus souvent et plus violemment le tourment de la faim, et, par conséquent, être quelquefois très-dangereux, particulièrement dans l'eau. C'est, en effet, dans cet élément que le crocodile jouit de toute sa force, et qu'il se remue avec agilité, malgré sa lourde masse, en faisant souvent entendre une espèce de murmure sourd et confus. S'il a de la peine à se tourner avec promptitude à cause de la longueur de son corps, c'est toujours avec la plus grande vitesse qu'il fend l'eau devant lui, pour se précipiter sur sa proie.

» Lorsqu'il est à terre, il est plus embarrassé dans ses mouvements, et, par conséquent, moins à craindre pour les animaux qu'il poursuit; mais, quoique moins agile que dans l'eau, il avance très-vite quand le chemin est droit et le terrain uni; aussi, lorsqu'on veut lui échapper, doit-on se détourner sans cesse.

» Demain nous nous occuperons des serpents proprement dits ! venez de bonne heure, mes chers enfants; cette étude mérite toute votre attention. »

## DEUXIEME LEÇON.

—

L'histoire des lézards et des crocodiles avait vivement intéressé Achille et Émilie; aussi leur tardait-il d'entendre M. Raymond reprendre la description des autres animaux de cet ordre, sur lesquels la peureuse jeune fille avait rêvé toute la nuit. Quoique bien convaincue, puisque son bon père l'avait dit, que les petits lézards gris qu'on rencontre sur les murs exposés au soleil peuvent être pris sans danger, elle avait peur encore de l'agilité surprenante de ces reptiles si vifs et si rapides.

— Mais es-tu bien sûr, cher papa, lui disait-elle le lendemain de cette leçon, que le lézard ne mord pas du tout ?

M. RAYMOND.

Ne pas mordre du tout et mordre sans danger n'est pas la même chose ; quoiqu'un animal ne soit ni venimeux ni malfaisant, ce n'est pas une raison pour qu'il soit incapable de se défendre et de mordre, même lorsqu'on l'attaque et qu'on le prend.

ÉMILIE.

Ainsi il mord, c'est clair.

M. RAYMOND.

Je ne veux pas te tromper : le plus petit insecte ne mord-il pas lorsqu'on veut le saisir? Il serre le bout du doigt, voilà tout. Il en est de même du lézard, qui n'a rien de venimeux et qui ne mord que par suite d'un mouvement naturel à tout être qui se défend avec l'arme que lui a donnée la nature.

ACHILLE.

Ce sont les serpents qui mordent, à la bonne heure...

M. RAYMOND.

Nous allons y arriver; mais il y a aussi serpents et serpents. Commençons par celui qu'on rencontre à Sucy et généralement dans les environs de Paris.

ÉMILIE.

Comment! il y a des serpents à Sucy?...

M. RAYMOND.

Quant je dis à Sucy, je veux dire dans les châteaux où se trouvent de grands parcs, aux Bruyères, etc.; mais, excepté la vipère, aucun autre n'est dangereux.

ÉMILIE.

Comment les reconaître?

M. RAYMOND.

Tu vas l'apprendre bientôt; mais il faut procéder par ordre. La première famille est celle des anguis, qui ont l'œil muni de trois paupières. Ces anguis ne forment qu'un seul genre, celui des orverts, qui se reconnaissent, du premier coup d'œil, aux écailles imbriquetées qui les recouvrent entièrement. Nous en avons une espèce fort commune dans toute l'Europe : c'est l'orvert commun, nommé aussi orvert fragile, à cause de la facilité avec laquelle se rompt sa queue, et même son corps. Il atteint communément huit à dix pouces de longueur, et parvient quelquefois à un pied et demi, et même jusqu'à deux ou trois pieds. Son corps est mince, et la queue fait la moitié de la longueur totale ; il est tout couvert d'écailles très-lisses et luisantes. Jaune argenté en-dessus, noirâtre en-dessous, il a trois filets noirs le long du dos, qui se changent, avec l'âge, en diverses séries de points, et finissent par disparaître. Il vit de vers de terre, d'insectes, de petits mollusques, et fait des petits vivants : c'est pour cela qu'on l'appelle vivipare. A l'aide de son museau, il se creuse dans la terre un trou profond de trois à quatre pieds, auquel aboutissent des conduits qui décrivent divers circuits et forment plusieurs issues. Il se retire dans ce trou pendant une partie du jour et de la nuit, durant la pluie, à l'approche du danger, et il y passe le temps des grands froids. Il devient souvent la proie des poules, des canards, des oies, des cigognes, des hérissons et des couleuvres.

ÉMILIE.

Ainsi celui-là, au lieu d'être dangereux, est mangé par les autres animaux. J'aime mieux cela.

M. RAYMOND.

C'est toujours un serpent. Un auteur célèbre, M. de Chateaubriand, dont vous connaîtrez plus tard les admirables ouvrages, a écrit au sujet des serpents quelques lignes lignes que je veux vous lire

« Tout, dit-il, est mystérieux, caché, étonnant dans cet incompréhensible reptile. Ses mouvements diffèrent de ceux de tous les autres animaux. On ne saurait dire où gît le principe de son déplacement, car il n'a ni nageoire, ni pieds, ni ailes, et cependant il fuit comme une ombre, il s'évanouit magiquement, il reparaît et disparaît encore : semblable à une petite fumée d'azur, ou aux éclairs d'un glaive dans les ténèbres, tantôt il se forme en cercle, et darde une langue de feu ; tantôt, debout sur l'extrémité de sa queue, il marche dans une attitude perpendiculaire, comme par enchantement ; il se jette en orbe, monte et s'abaisse en spirale, roule ses anneaux comme une onde, circule sur les branches d'arbres, glisse sous l'herbe des prairies, va sur la surface des eaux. Ses couleurs sont aussi peu déterminées que sa marche : elles changent aux divers aspects de la lumière, et, comme ses mouvements, elles ont le faux brillant et les variétés trompeuses de la séduction.

» Plus étonnant encore dans le reste de ses mœurs, il sait, ainsi qu'un homme souillé de meurtre, jeter à l'écart sa robe tachée de sang, dans la crainte d'être reconnu.

» Par une étrange faculté, il peut faire rentrer dans son sein les petits serpents qu'il a fait naître.

» Il sommeille des mois entiers, fréquente les tombeaux, habite les lieux inconnus, compose des poisons qui glacent, brûlent ou tachent le corps de sa victime des couleurs dont ils est lui-même marqué.

» Là il lève deux têtes menaçantes (ceux de la tribu des doubles-marcheurs), ici il fait entendre une sonnette (c'est le genre crotale ou serpent à sonnette); il siffle comme un aigle de montagne, il rugit comme un taureau. Il s'associe naturellement aux idées morales ou religieuses. Comme par une suite de l'influence qu'il eut sur nos destinées, objet d'horreur ou d'adoration, les hommes ont pour lui une haine implacable, ou tombent devant son génie : l'envie le porte dans son cœur, et l'éloquence à son caducée. Aux enfers, il arme le fouet des furies ; au ciel, l'éternité en fait son symbole. Il possède encore l'art de séduire l'innocence ; ses regards enchantent les oiseaux dans les airs ; mais il se laisse lui-même charmer par de doux sons, et pour le dompter, le berger n'a besoin que de sa flûte.

ACHILLE.

C'est joliment bien écrit cela ; il me semble voir les serpents dont il parle ; j'en suis encore tout saisi.

M. RAYMOND.

M. de Châteaubriand a surtout parlé des plus dangereux. Ceux dont je vais vous entretenir sont les reptiles écailleux, privés de pieds, et dont le corps, très-allongé, se meut, soit dans l'eau, soit sur la terre, par une simple reptation. Cette reptation consiste dans une impulsion du corps, soit en avant, soit en arrière, par un mouvement alternatif d'une ou plusieurs de ses parties inférieures contre le sol; soit que ce mouvement ait lieu par ondulations verticales, comme dans la couleuvre d'Esculape; soit qu'il s'exécute par des ondulations horizontales, comme dans notre couleuvre à collier; soit que la partie postérieure seule du corps y contribue, tandis que sa région antérieure est redressée verticalement, comme dans le naja. Quand les serpents se reposent sur la terre, ils forment avec leurs corps plusieurs anneaux que surmonte la tête. C'est par le déploiement subit de tous ces anneaux, ou d'une partie seulement, que, quoique privés de pieds, ils réussissent à sauter et à s'élancer. Les espèces qui, comme la couleuvre à collier, se soutiennent dans l'eau, nagent à la surface de ce liquide en respirant au-dehors, et par des ondulations verticales.

» Les muscles des serpents sont doués d'une force prodigieuse ; aussi l'un de leur plus puissants moyens d'attaque consiste-t-il à enlacer leur proie et à l'étouffer dans leurs replis.

» Les reptiles ne se nourrisent que d'animaux vivants; ils ne peuvent ni boire ni sucer; leur langue est, en général, très-extensible et terminée par deux langues pointues, trés-mobiles, d'une consistance presque cornée ; tous ont la gueule garnie de dents, mais qui ne leur sont propres qu'à retenir la proie. Ils changent périodiquement de peau ou plutôt d'épiderme, comme les lézards.

» Leurs œufs, agglutinés en séries moniliformes (en forme de collier), par une matière muqueuse, sont revêtus chacun d'une membrane molle légèrement encroûtée d'une substance calcaire. Ils éclosent assez souvent dans l'intérieur du corps, comme, par exemple, dans les vipères, qui doivent même leur nom (contraction de vivipares) à cette particularité. Les femelles prennent souvent soin de leurs petits dans le premier âge; on en a vu au moment du périls, recevoir leur famille dans leur gosier pour ne la rendre à la lumière qu'après la disparition de l'ennemi.

ÉMILIE.

Ils ne sont pas toujours bien méchants?

M. RAYMOND.

Non certainement ; mais l'aspect extraordinaire de ces animaux, joint aux armes terribles dont ils sont souvent pourvus, a toujours excité chez l'homme un étonnement mêlé de crainte.

» Demain nous passerons en revue les

véritables serpents ; quelques-uns sont plus terribles, mais ce n'est pas en France qu'on court le risque de les rencontrer. »

<>✠<>

## TROISIÈME LEÇON.

—

ACHILLE.

Que je suis contrarié, mon cher papa! j'ai manqué ce matin, par maladresse, un joli petit lézard qui semblait se chauffer au soleil. Malgré tout ce que tu nous avais dit, la peur d'être mordu m'a ôté la promptitude nécessaire, et je n'ai pas su le saisir dans le moment favorable.

M. RAYMOND.

La peur est un mauvais conseiller; cependant tu dois penser que s'il y avait le moindre danger, je t'en aurais averti. Je ne te conseillerais pas certainement d'attaquer la vipère, ni de la prendre; mais le lézard, il faut être bien maladroit pour le manquer : c'est l'ami de l'homme; il vient même écouter de très-près lorsqu'on joue des instruments : car il aime leurs sons mélodieux.

ACHILLE.

Je m'y habituerai; mais, dans les premiers moments, tous ces reptiles, lézards, crocodiles, serpents, se mêlent dans notre imagination ; et j'ai encore besoin de tes descriptions sur chacun d'eux pour distinguer les bons des mauvais, et me familiariser avec ceux que nous pouvons rencontrer.

M. RAYMOND.

Alors écoutez-moi avec attention : nous allons nous occuper de la deuxième famille, dite des vrais serpents.

» Cette famille, qui est bien plus nombreuse que la précédente, comprend les genres sans sternum ni vestiges d'épaules, et dont les côtes, quoique entourant une grande partie de la circonférence du tronc, ne se rejoignent jamais sous le ventre; plusieurs ont cependant sous la peau un petit vestige de membre postérieur qui montre même en dehors, dans quelques-uns, son extrémité en forme de petit crochet. Leur œil présente une conformation singulière : il semble d'abord tout à fait sec, dépourvu de paupières, et protégé seulement par un léger rebord que forme la peau. Cette apparence résulte de ce que les deux paupières sont soudées en une paupière unique et transparente, qui reste toujours devant l'œil comme un verre de montre sur le cadran.

« Cette famille est subdivisée en deux tribus.

» La première est celle des doubles-marcheurs, dont la gueule ne peut se dilater comme dans la tribu suivante, et dont la tête est toute d'une venue avec le reste du corps ; ce qui leur permet de marcher également bien dans les deux sens. Leur œil est fort petit ; ils ont le corps tout couvert d'écailles ; on ne connaît aucune espèce venimeuse parmi ces marcheurs.

» L'autre tribu, celle des serpents proprement dits, a l'os tympanique ou pédicule de la mâchoire inférieure mobile et presque toujours suspendu lui-même à un autre os, attaché sur le crâne par des muscles et des ligaments qui lui laissent de la mobilité.

Les branches de cette mâchoire ne sont pas aussi unies l'une à l'autre, et celles de la mâchoire supérieure ne le sont à l'intermaxillaire que par des ligaments, en sorte qu'elles peuvent s'écarter plus ou moins; ce qui donne à la plupart de ces animaux la faculté de dilater leur gueule au point d'avaler des corps plus gros qu'eux. Le palais, qui participe à cette mobilité, est constamment garni de deux rangs de dents aiguës et recourbées en arrière; la mâchoire inférieure porte toujours aussi deux rangées de semblables dents. Quant à la supérieure, elle est armée de la même manière que l'inférieure, dans les espèces non venimeuse; mais, dans les serpents venimeux, chacune des branches de la mâchoire supérieure ne porte, en général, qu'une seule dent très-longue, aiguë, en forme de crochet, et percée d'un petit canal, qui donne issue à une liqueur qui, versée dans la plaie que fait la dent, porte le ravage dans le corps des animaux, et produit des effets plus ou moins funestes, selon l'espèce qui l'a fournie. Cette dent se cache dans un repli de la gencive quand le serpent ne veut pas s'en servir, et il y a derrière elle plusieurs germes destinés à la remplacer successivement lorsqu'elle tombe. Les serpents venimeux se reconnaissent d'ailleurs, en général, à leur tête large, en arrière, et à leur aspect féroce.

» Cette tribu renferme plusieurs genres.

» D'abord les espèces non venimeuses . les boas, les couleuvres ; et, parmi les venimeuses , les crotales et les vipères.

» Les boas ont la tête couverte de petites écailles, au moins à la partie postérieure, l'occiput plus ou moins renflé, le desous du corps et de la queue garni de bandes écailleuses, transversales et d'une seule pièce ; un crochet de chaque côté de l'anus; le corps comprimé, plus gros dans son milieu et terminé par une queue prenante, c'est-à-dire susceptible de s'enrouler autour des objets de manière à soutenir l'animal. Quoique dépourvus de venin, les boas n'en sont pas moins redoutables à cause de leur force extraordinaire, qu'accompagne une agilité non moins remarquale. C'est parmi eux que l'on trouve les plus grands de tous les serpents ; il en est qui atteignent jusqu'à quarante à quarante-cinq pieds de longueur, et parviennent à avaler des chiens et des cerfs. Tantôt ils poursuivent leur proie, tantôt ils se cachent pour la guetter et la saisir à l'improviste : tapis sous l'herbe, suspendus par la queue aux branches des arbres, ils attendent le passage de quelque animal propre à satisfaire leur appétit; et, dès qu'ils en aperçoivent un à leur portée, ils s'élancent sur lui, l'entourent et le pressent de leur replis tortueux, l'écrasent et le broient, pour ainsi dire, puis l'engloutissent après l'avoir enduit de leur salive muqueuse et fétide. Comme leur proie est souvent très-volumineuse, la déglutition d'abord, et la digestion ensuite, sont pour eux des opérations longues et pénibles. Quand on surprend un boa occupé à introduire dans sa gueule, énormément distendue, un corps qu'elle peut à peine recevoir, il est facile alors de lui donner la mort; car il ne peut ni fuir dans l'état où il est, ni se débarrasser de cette masse, qui, retenue par les dents recourbées en arrière dont la gueule est armée, et par la disposition des mâchoires, ne peut plus cheminer que dans le sens où elle est entrée. Une fois la déglutition achevée, ces animaux se retirent dans un lieu écarté, où ils demeurent presque immobiles jusqu'à ce que leur estomac soit déchargé; et, comme leur digestion dure fort longtemps, la putréfaction qui s'empare de leurs aliments avant qu'elle soit achevée, et qui contribue même à la faciliter, répand autour d'eux une odeur insupportable, qui décèle au loin leur présence. Parmi les espèces de ce genre, nous en signalerons trois qui atteignent une très-grande taille, et qui se trouvent dans les lieux marécageux des parties chaudes de l'Amérique. Ce sont :

» Le devin, ainsi nommé par les voyageurs, parce qu'on lui a, quoique mal à propos, attribué ce qui est dit de certaines grandes couleuvres dont les nègres de Juida font leurs fétiches. Sa tête est en forme de cœur; son corps est élégamment varié de gris, de blanc, de noir et de rouge; on le reconnaît surtout à une large chaîne régnant tout le long de son dos, formée de grandes taches noires irrégulières et hexagones. On distingue aussi dans cette espèce le lanaconda, qui est brun, avec une double suite de taches rondes et noires le long du dos; laboma fauve, portant une suite de grands anneaux bruns le longs du dos, et des taches variables sur les flancs.

» Le serpent des rizières, ou la granae couleuvre des îles de la Sonde, parvient à plus de trente pieds de longueur.

» Les couleuvres ont le corps couvert d'écailles en dessus, avec des plaques entières sous le ventre, doubles sous la queue; la tête couverte de neuf à douze écailles plus grandes que celles du reste du corps. Ce sont des serpents de moyenne taille, dont la nourriture varie selon les espèces, mais consiste toujours en animaux qu'il prennent tout vivants. Il est faux, quoi qu'on en ait dit, qu'elles aillent manger les fruits dans les jardins et sucer le lait des vaches dans les prairies et dans les étables. Elles pondent une ou deux fois chaque année un assez grand nombre d'œufs oblongs et membraneux, attachés en chapelets les uns aux autres, et que la chaleur du soleil fait éclore; le genre est très-nombreux en espèces. Il y en a dans toutes les parties du globe. Celles des pays froids ou tempérés s'enfoncent dans la terre en automne, et y restent engourdies pendant tout l'hiver; on en trouve dans toute la France, et principalement dans les environs de Paris.

» La couleuvre à collier, dont la taille est de deux à trois pieds et demi, est cendrée, avec des taches noires le long des flancs, et trois taches blanches formant un collier sur la nuque; ses écailles sont relevées d'une arête. Elle varie d'ailleurs dans ses couleurs : le collier est souvent jaune ; le dos ou le cou présente parfois des taches soit jaunes ; soit couleur de feu ; la teinte générale passe tantôt au bleu, tantôt au brun

Cette couleuvre se rencontre communément dans toute l'Europe, sur les bords des eaux douces, dans les prairies, sur la lisière des bois. On la désigne vulgairement sous les noms d'anguilles de haie, de serpent d'eau, de serpent nageur; elle nage, en effet, assez facilement, traverse des mares et des ruisseaux; elle grimpe aussi aux arbres avec une agilité remarquable pour y surprendre les oiseaux. Elle pond dans les trous, sur le bord des eaux, dans les fumiers, dans les meules de foin, de quinze à quarante œufs ovales, gros comme le doigt, et attachés en chapelet les uns aux autres. Ces œufs éclosent au milieu de l'été, et avant l'hiver les petits ont déjà six pouces de longueur. On peut manier sans crainte cette couleuvre, car elle ne cherche à mordre que quand elle est irritée, et sa morsure n'est pas dangereuse; quand on la tourmente, elle siffle avec force, exhale par la bouche une vapeur fétide, et laisse suinter de dessous ses écailles une humeur blanche d'une grande puanteur. On la mange dans quelques pays.

» La couleuvre verte et jaune, la plus jolie des espèces d'Europe, est tachée de noir et de jaune en dessus, toute jaune et verdâtre en dessous, avec des écailles lisses. Sa taille varie de trois à quatre pieds, et va quelquefois jusqu'à cinq ; elle se trouve dans les contrées méridionales de la France; on en voit quelquefois à Fontainebleau. Sa demeure ordinaire est dans les bois, le long des haies, ou bien au milieu des rochers et des pierres ; elle se nourrit d'oiseaux, de souris, de grenouilles, de crapauds, etc.; elle grimpe sur les arbres et nage avec agilité ; elle s'apprivoise facilement.

ÉMILE.

Ainsi les couleuvres ne sont pas dangereuses dans nos pays. Sa couleur est généralement bleue, et sa tête n'est pas plate comme celle des serpents venimeux : je m'en souviendrai. Mais quels sont donc les autres serpents qu'on appelle serpents à sonnettes?

M. RAYMOND.

J'allais y arriver : ce sont les crotales ou serpents à sonnettes. Ils sont célèbres pardessus tous les autres serpents pour le danger de leur venin. Ils ont, comme les boas, des plaques transversales simples sous le ventre et sous la queue : mais ce qui les caractérise essentiellement, c'est l'instrument bruyant qu'ils portent au bout de la queue, et qui est formé de plusieurs cornets écailleux, emboités lâchement les uns dans les autres, qui se meuvent et résonnent quand l'animal rampe ou qu'il remue la queue. Le museau de ces serpents est creusé d'une petite fossette arrondie derrière chaque narine. Tous ceux dont on connaît la patrie viennent d'Amérique ; ils sont d'autant plus dangereux qu'ils sont dans la contrée où la saison est plus chaude. Mais leur naturel est, en général, tranquille et assez engourdi. Ils rampent assez lentement, ne pouvant suivre la course d'un homme, et ne mordant d'ailleurs que lorsqu'ils sont provoqués, ou pour tuer la proie dont ils veulent se nourrir. Quoiqu'ils ne grimpent point aux arbres, ils font cependant leur nourriture principale d'oiseaux, d'écureuils, etc. On a cru longtemps qu'ils avaient le pouvoir de les engourdir par l'odeur très-fétide qu'ils exhalent, ou même de les charmer par leur regard et de les contraindre ainsi à venir d'eux-mêmes se précipiter dans leur gueule; mais il paraît qu'il leur arrive seulement de les saisir dans les mouvements désordonnés que la frayeur leur inspire. Les grands animaux eux-mêmes évitent, comme par une crainte instinctive, les serpents à sonnettes; les chevaux et les chiens refusent d'en approcher, quelque violence qu'on emploie pour les contraindre. Ces terribles reptiles se montrent, par un singulier contraste, sensibles au son de la musique, ainsi qu'a pu le vérifier M. de Châteaubriand au mois de juillet 1791.

« Nous voyagions, dit-il, dans le Haut-Canada, avec quelques familles sauvages de la nation des montagnes. Un jour que nous étions arrêtés dans une grande plaine au bord de la rivière Génésie, un serpent à sonnette entra dans notre camp. Il y avait parmi nous un Canadien qui jouait de la flûte; il voulut nous divertir, et s'avança contre le serpent avec son arme d'une nouvelle espèce. A l'approche de son ennemi, le reptile se forme en spirale, aplatit sa tête, enfle ses joues, contracte ses lèvres découvre ses dents empoisonnées et sa gueule sanglante; il brandit sa double langue comme deux flammes; ses yeux sont deux charbons ardents; son corps, gonflé de rage, s'abaisse et s'élève comme un soufflet d'une forge; sa peau dilatée devient terne et écailleuse, et sa queue, dont il sort un bruit sinistre aux oreilles, remue avec tant de rapidité qu'elle ressemhle à une légère vapeur. Alors le Canadien commence à jouer sur sa flûte; le serpent fait un mouvement de surprise, et retire sa tête en arrière. A mesure qu'il est frappé de l'effet magique, ses yeux perdent leur âpreté, les vibrations de sa queue se ralentissent, et le bruit qu'elle fait entendre s'affaiblit et meurt peu à peu ; moins perpendiculaires sur leur ligne spirale, les orbes du serpent charmé s'élargissent, et viennent tour à tour poser sur la terre en cercles concentriques ; les nuances d'azur, de vert, de blanc et d'or reprennent leur éclat sur sa peau frémissante, et, tournant légèrement la tête, il demeure immobile dans l'attitude de l'attention et du plaisir. Dans ce moment, le Canadien marche de quelques pas en tirant de sa flûte quelques sons doux et monotones ; le reptile baisse son cou nuancé, entrouvre avec sa tête les herbes fines, et se met à ramper sur les traces du musicien, qui l'entraîne, s'arrêtant lorsqu'il s'arrête, et recommençant à le suivre lorsqu'il recommence à s'éloigner. Il fut ainsi conduit hors de notre camp, au milieu d'une foule de spectateurs, tant sauvages qu'Européens, qui en croyaient à peine leurs yeux. A cette merveille de la mélodie, il n'y eut qu'une voix dans toute l'assemblée pour qu'on laissât le merveilleux serpent s'échapper. »

ACHILLE.

Que j'aurais voulu être là !

M. RAYMOND.

Oui, toi qui a peur d'un lézard, tu aurais fait une jolie figure. Continuons. Les espèces les plus communes de crotales sont le boïquira, qui se trouve aux États-Unis, mais qui devient de plus en plus rare dans les pays très-peuplés. Il est brun en dessus, avec des bandes transversales irrégulières, noirâtres, d'un blanc jaunâtre, uniforme en dessous ; la queue est noire.

» Le durissus, qui se trouve à la Guyanne, présente, sur un fond gris-jaunâtre, des bandes dorsales noires, irrégulières et trans versales. Le ventre est d'un blanc jaunâ tre, parsemé de petits points noirs ; la queue est toute noire.

» Les vipères ont le ventre revêtu de plaques transversales entières, et le dessous de la queue muni d'une double rangée de plaques, comme dans les couleuvres. Leur tête est courte, élargie postérieurement, garnie, en dessus, d'écailles granulées ou de plaques ; leur queue est dépourvue d'appareil bruyant, et elles n'ont pas de fossettes derrière les narines. C'est à ce genre qu'appartiennent plusieurs serpents d'Europe, d'abord la vipère commune, dont la longueur excède rarement deux pieds ; sa couleur est d'un brun cendré sur le dos, avec une ligne noire non interrompue, en zig-zag, qui y règne longitudinalement, d'un bout à l'autre, et deux rangées de taches noires de chaque côté ; le dessous est ardoisé ; la tête est couverte d'écailles granulées. Il y en a qui sont presque entièrement noires. Cette vipère est généralement répandue dans les cantons boisés et pierreux de l'Europe méridionale et tempérée. On la trouve, en particulier, dans la forêt de Montmorency, et dans les bois des environs de Sucy, près Paris. Elle se nourrit de petits quadrupèdes, d'oiseaux et même d'insectes, de mollusques et de vers ; elle s'engourdit chez nous, comme la couleuvre, aux approches de l'hiver, et se retire alors souvent en société sous les tas de pierres ou dans les trous d'arbres ; c'est là que, pendant les froids, on en trouve parfois un assez grand nombre entrelacées les unes dans les autres. Au printemps, elle met au jour douze à vingt-cinq vipéreaux, qui sont devenus, au troisième printemps, capables de reproduire ; mais, ils n'ont acquis qu'après six ou sept années leur complet développement.

» Le venin de la vipère tue en quelques minutes un moineau, un pigeon, et même une poule. Un chat y résiste quelquefois, un fort chien et un mouton très-souvent ; il est rarement mortel pour l'homme : l'application d'une ventouse et des caustiques, jointe à l'administration des sudorifiques à l'intérieur est le moyen qu'on emploie ordinairement pour en détruire l'effet.

ACHILLE.

Oh, oh ! cela est bon à savoir : je croyais qu'on mourait de la morsure d'une vipère.

M. RAYMOND.

C'est une erreur populaire, causée par la négligence ordinaire des paysans, qui laissent le mal empirer, sans y porter remède ; mais les moyens que je viens d'indiquer, mis en pratique aussitôt que la morsure a eu lieu, écartent tout danger. La vipère sert à préparer un grand nombre de médicaments, tant simples que composés.

» Il y a encore une variété de la vipère commune, qui se distingue en ce qu'elle n'a pas de bande en zig-zag non interrompue le long du dos, mais une série de taches noires alternatives. Les taches des flancs sont peu distinguées ou tout à fait nulles : c'est la vipère-aspic, qui se trouve aussi en France, et particulièrement dans la forêt de Fontainebleau, où elle n'est que trop commune.

ÉMILIE.

Et cette vipère aspic est aussi dangereuse que l'autre ?

M. RAYMOND.

Oui, et il faut prendre les mêmes précautions lorsqu'on a le malheur d'être mordu. Maintenant laissons ces vilaines bêtes en paix et venons à la mare, afin que je vous montre le quatrième ordre du genre reptile. Ceux-ci ne sont pas dangereux : ce sont les grenouilles et les crapauds.

## QUATRIÈME LEÇON.

—

Les enfants étaient enchantés de retourner à la mare. Ils trouvèrent du changement : les eaux, infiltrées dans la terre et pompées par la chaleur du soleil, étaient diminuées ; les nuages rougeâtres des etites larves des cousins étaient disparues et avaient fait place à d'autres.

L'eau était verdâtre et infecte, et des hydrophiles bruns en couvraient la surface.

Achille s'écria en voyant sauter les crapauds et les grenouilles, à leur approche :

— Les voilà. papa, les voilà les batraciens, autrement dits crapauds et grenouilles, quatrième ordre des reptiles : tu vois que je n'ai pas oublié le nom.

ÉMILIE.

Que veut dire ce mot-là, batracien ?

M. RAYMOND.

Ce mot vient du grec batrachos, grenouilles, animaux analogues aux grenouilles, que je vais vous décrire.

» Les batraciens n'ont ni carapace ni

écailles; une peau nue et muqueuse revêt leur corps, et presque tous ont les doigts dépourvus d'ongles. Ils n'ont au cœur qu'une seule oreillette, et un seul ventricule à leurs poumons; ils ont, dans le pemier âge, des branchies analogues à celles des poissons, et situées de même sur les côtés du cou; mais la plupart perdent ces branchies en arrivant à l'état parfait. Tant qu'elles subsistent, l'aorte, en sortant du cœur, se partage en autant de rameaux qu'il y a de branchies; le sang des branchies revient par des veines qui se réunissent vers le dos en un seul tronc artériel, comme dans les poissons.

» Les animaux de cet ordre présentent d'ailleurs entre eux des différences très-marquées : ainsi, pour ne parler que de leur forme générale, il en est qui, à l'état parfait, sont dépourvus de queue, tandis que d'autres en conservent une; les uns prennent quatre membres, d'autres n'en acquièrent que deux; d'autres enfin n'en ont jamais aucun. L'ordre des batraciens ne renferme, du reste, qu'un petit nombre de genres, parmi lesquels nous ne ferons connaître que ceux des grenouilles et des salamandres.

» Les grenouilles ont dans leur état parfait, quatre jambes et point de queue, leur tête est plate, leur museau arrondi, leur gueule très-fendue ; la plupart ont une langue molle, qui ne s'attache point au fond du gosier, mais au bord de la mâchoire, et se reploie en dedans ; leurs pieds de devant n'ont que quatre doigts, ceux de derrière en ont cinq. Leur squelette est entièrement dépourvu de côtes ; elles ont ordinairement, à fleur de tête, une plaque cartilagineuse, qui leur tient lieu de tympan, et qui fait reconnaître l'oreille au dehors. L'œil a deux paupières charnues, et une troisième, cachée sous l'inférieure, transparente et horizontale.

» L'aspiration de l'air ne se fait que par les mouvements des muscles de la gorge, laquelle en se dilatant, reçoit de l'air par les narines. L'expiration, au contraire, s'exécute par les muscles du bas ventre. Aussi, quand on ouvre le ventre de ces animaux vivants, les poumons se dilatent sans pouvoir s'affaisser, et si on en force un à tenir sa bouche ouverte, il s'asphyxie, parce qu'il ne peut plus renouveler l'air des poumons.

» Le petit être qui sort des œufs se nomme têtard ; il est d'abord pourvu d'une longue queue charnue, d'un petit bec de corne, et n'a d'autres membres apparents que de petites franges aux côtés du cou. Ils disparaissent au bout de quelques jours pour s'enfoncer sous la peau et former les branchies : celles-ci sont de petites houppes très-nombreuses attachées à quatre arceaux cartilagineux, placés de chaque côté du cou, adhérentes à l'os hyoïde ; l'eau qui arrive par la bouche, et en passant dans les intervalles des arceaux cartilagineux, en sort tantôt par deux ouvertures, tantôt par une seule, percée, ou dans le milieu, ou au côté gauche de la peau extérieure, selon les espèces. Les pattes de derrière du têtard se développent d'abord sous la peau, qu'elles percent ensuite ; la tête est résorbée, c'est à dire qu'elle disparaît par degrés ; le bec tombe, et laisse paraître les véritables mâchoires, qui étaient d'abord molles et cachées sous la peau. Les branchies s'anéantissent ; les poumons exercent seuls la fonction de respirer, qu'elles partageaient avec eux. L'œil, que l'on ne voyait qu'au travers d'un endroit transparent de la peau du têtard, se découvre avec ses trois paupières. Les intestins, d'abord très-longs et contournés en spirale, se raccourcissent et se renflent à l'endroit qui doit former l'estomac : aussi le têtard ne vit-il que d'herbes aquatiques, tandis que l'animal adulte, la grenouille, se nourrit d'insectes et d'autres petits animaux, qu'elle happe tout vivants. L'époque de chacun de ces changements particuliers varie d'ailleurs selon les espèces ; dans les pays froids et tempérés, l'animal parfait s'enferme, pendant l'hiver, sous terre et sous l'eau dans la vase, et y vit sans manger et sans respirer.

» Ce genre, très-nombreux en espèces, se

divise en sous-genres, parmi lesquels nous allons faire connaître ceux des grenouilles proprement dites, des rainettes et des crapauds.

» Les grenouilles proprement dites ont le corps effilé et les pieds de derrière très-longs et très-forts; leur peau est lisse; leur mâchoire supérieure est garnie tout autour d'un rang de petites dents fines, et il y en a une rangée transversale, interrompue au milieu du palais; les mâles ont, de chaque côté, sous l'oreille, deux petits sacs, qui communiquent par un petit trou au fond de la bouche, et qui se gonflent d'air quand ils crient. Leur voix, beaucoup plus forte que celle des femelles, porte le nom de coassement. On sait qu'Aristophane, poète commique grec, a cherché à l'imiter par les syllabes brĕ, ké, kex, coax, coax. Les espèces les plus répandues en France sont:

» La grenouille commune ou verte, longue de deux à trois pouces, sans compter les pattes postérieures, d'un beau vert taché de noir, avec trois raies jaunes sur le dos, le ventre d'un vert jaunâtre : c'est cette espèce si commune dans nos eaux dormantes, et que vous avez vue sauter ici ; elle est incommode par la continuité de ses clameurs nocturnes ; elle va rarement à terre, et ne s'écarte jamais de la rive ; elle répand ses œufs en paquets dans les mares. Ses cuisses forment un aliment sain et agréable.

» La grenouille rousse, de même taille que la précédente, rousse ou brune, ou verdâtre en-dessus, avec une bande noire triangulaire partant de l'œil et passant sur l'oreille, le ventre blanc et taché de brun : c'est l'espèce qui paraît la première au printemps ; elle va plus à terre que la précédente, coasse beaucoup moins ; c'est celle que l'on mange le plus communément dans les contrées de la France ; ses cuisses sont aussi bonnes que celles de la grenouille verte.

» Les rainettes ne diffèrent des grenouilles que parce que l'extrémité de chacun de leurs doigts est élargie et arrondie en une espèce de pelote visqueuse, qui leur permet de se fixer aux corps et de grimper aux arbres. Elles s'y tiennent, en effet, tout l'été, et y poursuivent les insectes; mais elles pondent dans la vase l'hiver, comme les autres grenouilles. Le mâle a, sous la gorge, une poche qui se gonfle quand il crie. Le coassement des rainettes ressemble beaucoup à celui des grenouilles; on a essayé de le rendre par les syllabes, carac, carac, carac, carac. Nous n'en avons en Europe qu'une espèce : c'est la rainette commune ou verte, dont le corps a d'un pouce à un pouce et demi de longueur ; elle est d'un beau vert gai en dessus, d'un vert très-pâle, nuancé de jaunâtre et de rougâtre, en dessous, avec une ligne jaune et noire le long de chaque côté du corps ; elle est commune dans le midi; on la rencontre aussi aux environs de Paris.

ÉMILIE.

J'ai bien écouté cette description ; mais comment les distinguer des crapauds ?

M. RAYMOND.

Tu vas le voir, les crapauds sont bien différents ; ils ont le corps ventru, couvert de verrues ou papilles; un gros bourrelet percé de pores derrière l'oreille, lequel exprime une humeur laiteuse et fétide ; point du tout de dents ; les pattes de derrière, en général peu allongées; ils sautent mal et se tiennent généralement plus éloignés de l'eau que les grenouilles. Les mâles sont ordinairement privés de ces poches qui renfoncent la voix dans les deux sous-genres précédents. Ce sont des animaux d'une forme hideuse, d'un aspect dégoûtant, que l'on accuse mal à propos d'être venimeux par leur salive, leur morsure, leur urine, et même par l'humeur qu'ils transpirent. C'est pendant la nuit, et à la suite des pluies chaudes de l'été, qu'ils sortent de leurs retraites, et alors on en voit souvent paraître tout à coup un très-grand nombre à la fois. Ils ne se reproduisent qu'à la quatrième année, et vivent probablement fort longtemps. On en a vu α apprivoisés qui venaient à un certain signal ou à une certaine heure, chercher la nourriture qu'on avait habitué de leur donner. Ils meurent promptement quand on les saupoudre de sel ou de tabac. On trouve communément en France le crapaud commun, dont la taille varie de deux à cinq pouces : il est gris roussâtreou gris brun, quelquefois olivâtre ou noirâtre; il a le dos couvert de beaucoup de tubercules arrondis gros comme des lentilles; le ventre garni de tubercules plus petits et plus serrés; les pieds de derrière demi palmés; il se tient dans les lieux obscurs et étouffés, et passe l'hiver dans des trous qu'il se creuse. La femelle produit des œufs petits et innombrables, réunis par une gelée transparente en deux cordons souvent longs de vingt à trente pieds. Le têtard est noirâtre, et de tous ceux de notre pays c'est celui qui est encore le plus petit lorsqu'il prend des pieds et perd sa queue. Le cri de cette espèce a quelque rapport avec l'aboiement du chien.

Il y a encore le crapaud des joncs, long de deux à trois pouces, olivâtre; il a des tubercules comme le précédent, une ligne jaune longitudinale sur l'épine, une rougeâtre dentelée sur le flanc; les pieds de derrière sans aucune membrane; il répand une odeur empestée de poudre à canon, vit à terre, ne saute pas du tout, mais court assez vite; il grimpe aux murs pour se retirer dans leurs fentes, et a, pour cela, deux petits tubercules osseux sous la paume des mains; il ne va à l'eau que pour la production des espèces, au mois de juin; il pond deux cordons d'œufs comme le crapaud commun; le mâle crie comme la rainette, et a de même une poche sous la gorge.

» Le crapaud brun est long de deux pouces environ; il est brun clair, marbré de brun foncé ou de noirâtre, il a sur le dos des tubercules, mais en petites quantité, gros comme des lentilles; son ventre est lisse; comme ses pieds sont palmés et très-alongés, il saute assez bien; il se tient de préférence près des eaux, et répand une forte odeur d'ail lorsqu'il est inquiété. Ses œufs forment un cordon très-épais. Son têtard tarde plus que les autres de ce pays-ci à passer à l'ètat parfait, et il est déjà fort grand qu'il a encore sa queue, et que ses pieds de devant ne sont pas sortis; il a même l'air de rapetisser lorsqu'il perd tout à fait son enveloppe de têtard; on le mange en quelques lieux comme si c'était un poisson.

» Le crapaud sonnant ou pluviale, le plus petit et le plus aquatique de nos crapauds, long d'un pouce environ, est grisâtre ou brun en dessus, bleu noir avec des taches orangées en dessous ; ses pieds de derrière sont complétement palmés et presque autant allongés que ceux des grenouilles; aussi saute-t-il presque aussi bien qu'elles ; il se tient dans les marais; il pond après le mois de juin ; ses œufs sont en petits pelotons et plus grands que ceux des espèces précédentes. Parfois il jette un gémissement lugubre; mais, pendant le reste de la belle saison, il fait entendre, surtout le soir après la pluie, un coassement d'une monotomie fatigante, que l'on a comparé au son d'une cloche agitée dans l'éloignement.

» Le crapaud de Rœsel, verdâtre, persemé de verrues noirâtres en dessus, cendré verdâtre en dessous, a les pattes antérieures demi-palmées, il a deux pouces et demi environ de longueur. Il est commun dans les mares et les bois de l'Europe. Au printemps, on le trouve en abondance à la mare d'Auteuil, située dans le bois de Boulogne, près Paris. On en fait dans ce lieu une pêche assez productive; on le coupe par le milieu du corps, et on vend les cuisses à Paris pour des cuisses de grenouilles. Ces cuisses d'ailleurs, selon Bose, sont aussi saines et aussi bonnes, quoique peut-être un peu plus dures que celles des grenouilles, surtout lorsqu'elles appartiennent aux crapauds qui vivent ordinairement dans l'eau.

» Nous allons finir par une autre espèce de reptiles plus désagréable encore à la vue : ce sont les salamandres, qui ont le corps allongé, quatre pieds et une longue queue; ce qui leur donne la forme générale des lézards. Leur tête est aplatie, l'oreille cachée entièrement sous les chairs, sans aucun tympan; leurs mâchoires sont garnies de dents nombreuses et petites, leur langue est comme celle des grenouilles; elles n'ont pas de troisième paupière; leur squelette a de très-petits rudiments sur les côtés, mais sans sternum osseux. Elles ont un bassin suspendu à l'épine par des ligaments, quatre doigts aux pattes de devant, presque toujours cinq à celles de derrière. Dans l'état adulte, elles respirent d'abord par des branchies en forme de houppes, au nombre de trois de chaque côté du cou, qui s'oblitèrent ensuite; elles sont suspendues à des arceaux cartilagineux, dont il reste des parties à l'os hyoïde de l'adulte; une opercule membraneuse recouvre les ouvertures, mais les houppes ne sont jamais enfermées dans une tunique, et flottent au dehors; les pieds de devant se développent et vont à ceux de derrière; les doigts poussent aux uns et aux autres successivement.

» On divise les salamandres en terrestres et en aquatiques.

» Les salamandres terrestres ont, dans l'état parfait, la queue ronde, ne se tiennent dans l'eau que pendant leur état de têtard, qui dure peu, ou quand elles veulent mettre bas; les œufs éclosent dans le sein de la mère.

» La salamandre commune a six à huit pouces de longueur, y compris la queue; elle est noire et tachetée d'un jaune vif; elle a, de chaque côté, sur l'occiput, une glande analogue à celle des crapauds, et sur ses côtés sont des rangées de tubercules desquels suinte, lorsqu'elle est poursuivie, une liqueur laiteuse amère, d'une odeur forte, qui est un poison pour des animaux très-faibles. C'est peut-être ce qui a donné lieu à la fable que la salamandre peut résister au feu. Elle se trouve dans toute l'Europe, se tient dans les lieux humides, se retire dans des trous souterrains, mange des lombrics (vers de terre) et des insectes de l'humus; elle paraît sourde et n'a pas de voix.

» Les salamandres aquatiques conservent toujours la queue comprimée verticalement, et passent presque toute leur vie dans l'eau. Les expériences de Spallanzani sur leur force de reproduction les ont rendues célèbres. Elles repoussent plusieurs fois de suite le même membre quand on le leur coupe, et cela avec tous ses os, ses muscles, ses vaisseaux. Les petits n'éclosent que quinze jours après la ponte, et conservent leurs branchies plus ou moins longtemps, selon les espèces. Lorsque l'hiver les surprend avec des branchies, elles les conservent jusqu'à l'année suivante. Les observateurs modernes en ont reconnu dans notre pays plusieurs espèces, dont la plus longue taille est de huit à neuf pouces; mais ces espèces sont encore mal déterminées, attendu que ces animaux changent de couleur, selon l'âge, le sexe et la saison. Les mâles se distinguent des femelles par des crêtes dont le bord supérieur de la queue est garni, et qui ne sont bien développées qu'au printemps. Nous allons nous arrêter là, mes chers enfants : je crois vous avoir donné une idée générale des reptiles, et surtout vous avoir fixés sur ceux qui se trouvent dans les environs de Paris.

ÉMILIE.

Si je me souviens bien de tout ce que tu nous as expliqué, parmi toutes ces vilaines bêtes, la vipère seule est dangereuse dans notre pays. Mais il y a des moyens de se préserver des suites funestes de ses piqûres; cela me rassure un peu.

M. RAYMOND.

Oui, sans doute; mais il faut savoir la reconnaître, et ne pas confondre la vipère avec la couleuvre.

ACHILLE.

Je ne m'y tromperai pas, moi, rien qu'à

son dos, qui est marqué d'une raie noire en zigzag, et garni, sur les côtés, de points noirs.

ÉMILIE.

De plus, elle a la tête beaucoup plus plate que celle des autres serpents.

M. RAYMOND.

C'est cela, mes enfants; vous voilà un peu au courant des études préliminaires d'entomologie et d'histoire naturelle, en ce qui concerne les reptiles. Si ces leçons, recueillies par vous, vous donnent le goût de l'étude des autres animaux, un jour je vous entretiendrai de petits êtres non moins intéressants, mais qui habitent, en quelque sorte, les régions de l'air; je veux parler des oiseaux. Nous quitterons ce sol pour faire connaissance avec ces jolies petites créatures ailées que la Providence semble avoir mises autour de nous pour enchanter nos oreilles et charmer nos yeux; nous aurons, dans cette nouvelle étude, mille occasions de la remercier de tant de bienfaits et de la bénir.



LIMOGES. — IMPR. DE BARBOU FRÈRES.

www.ingramcontent.com/pod-product-compliance
Ingram Content Group UK Ltd.
Pitfield, Milton Keynes, MK11 3LW, UK
UKHW021104270726
13993UKWH00006B/1005